Angelika Kipp

Wer guckt denn da?

Fensterbilder aus Tonkarton

frechverlag

Zeichnungen: Berthold Kipp

Fotos: frechverlag GmbH + Co. Druck KG, 70499 Stuttgart;
Fotostudio Ullrich & Co., Renningen

Dieses Buch enthält:
2 Vorlagenbogen

Auflage:	5.	4.	3.	2.	1.	Letzte Zahlen
Jahr:	2002	2001	2000	1999	98	maßgebend

frechverlag GmbH + Co. Druck KG, 70499 Stuttgart

ISBN 3-7724-2350-7 · Best.-Nr. 2350

Druck: frechverlag GmbH + Co. Druck KG, 70499 Stuttgart

WER GUCKT DENN DA?

Da guckt ja jemand aus dem Fenster heraus! Lustige Gespenster tanzen vor dem Kinderzimmerfenster, Indianer verstecken sich, so daß nur der Federschmuck zu sehen ist, und in diese Wohnung trägt der Klapperstorch sein zappelndes Bündel.

Bei einigen Fenstern guckt jemand ins Haus oder aus dem Haus heraus, bei anderen spielen sich ganze Szenen ab: Ein großer Vogelschwarm fliegt vorbei, der kleine Elefant folgt seiner großen Mutter, und die Kinder können vom Nikolaus mit Sack nur noch den Mantelsaum sehen. Zum Glück hat er einige Geschenke zurückgelassen!

Damit sowohl Sie von innen als auch Betrachter von außen viel Freude an den Motiven haben, sollten diese Fensterbilder immer beidseitig gearbeitet werden. Und wenn jemand schmunzelnd an Ihrem Fenster vorübergeht, dann wissen Sie, daß man bei Ihren tollen Fensterbildern einfach hingucken muß!

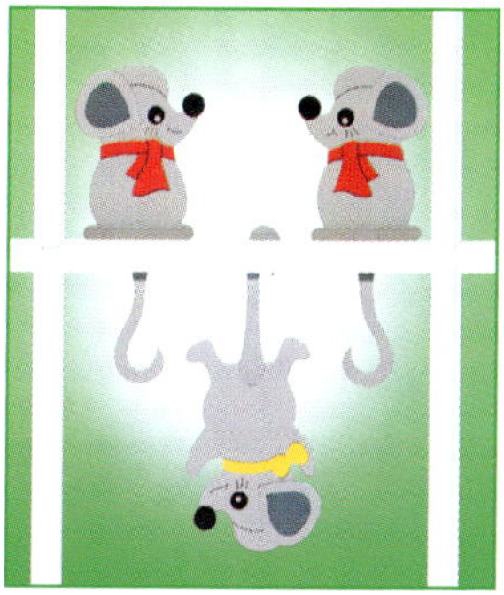

Viel Spaß beim Basteln und Gucken!

Ihre

Angelika Kipp

ARBEITSMATERIAL

- Tonkarton (verschiedene Farben)
- Dünne Pappe
- Transparentpapier
- Filzstift in Rot und Schwarz
- Bleistift
- Schere
- Bastelmesser
- Schneideunterlage
- Lineal
- Kreisschneider
- Evtl. Kreis- oder Ellipsenschablone (für die Augen)
- Klebstoff
- Radiergummi
- Locher
- Klebeband

TIPS UND TRICKS

Gestaltung des Motivs von der Vorder- und Rückseite

Diese lustigen Fensterbilder sollten unbedingt von der Vorder- und Rückseite gebastelt werden, damit man sowohl in der Wohnung als auch von außen was zu gucken hat. Hierzu benötigen Sie die meisten Teile in doppelter Ausführung. Die Teile werden dann von der Rückseite spiegelverkehrt, aber in der gleichen Reihenfolge wie auf der Vorderseite, aufgeklebt.

Deckungsgleiches Kleben und Aufmalen

Da heller Tonkarton durchscheint, sollte hier absolut deckungsgleich geklebt und gezeichnet werden.
Basteln Sie zunächst die Vorderseite komplett. Dann drücken Sie die Bastelarbeit bei Tageslicht mit der fertig beklebten Seite gegen die Fensterscheibe. Die nun durchscheinenden Ränder zeigen genau, wo auf der Rückseite Teile aufgeklebt oder Linien aufzeichnet werden müssen.

Aufhängung

Diese Fensterbilder wirken besonders, wenn sie direkt an die Scheibe geklebt werden. Hierfür verwenden Sie am besten Klebestreifen.

Zweigeteilte Fensterbilder

Bei Motiven, die durch eine Fenstersprosse geteilt werden (z. B. Katze, Seite 15), sind auf der jeweiligen Vorlage gestrichelte senkrechte oder waagrechte Linien eingezeichnet. An dieser gestrichelten Linie tragen Sie die Breite der Sprosse ab, schneiden dieses Teil vom Fensterbild ab und kleben die restliche Figur dann neben der Sprosse auf. So gearbeitet haben die Figuren immer die richtigen Proportionen, egal wie breit die Fenstersprosse ist. Natürlich können Sie Ihr Motiv auch an anderen Stellen enden lassen. Vielleicht finden Sie auch selbst neue, witzige Trennlinien von Fensterbildern!

SCHRITT FÜR SCHRITT ERKLÄRT

1 Legen Sie ein Transparentpapier auf Ihr ausgewähltes Motiv auf dem Vorlagenbogen, und übertragen Sie alle benötigten Teile ohne Überschneidungen.

2 Das Transparentpapier wird auf eine dünne Pappe geklebt, und die Einzelteile werden herausgeschnitten. Dies sind Ihre Schablonen. Diese Schablonen legen Sie auf den Tonkarton der gewünschten Farbe, umfahren sie mit einem Bleistift und schneiden die verschiedenen Motivteile aus.

3 Zeichnen Sie die aufzumalenden Linien und markierten Stellen auf, und fügen Sie die Einzelteile zum Motiv zusammen. Das Foto gibt hierfür Positionierungshilfen.

HIER BRAUCHT SICH NIEMAND ZU FÜRCHTEN!

Jedes dieser lustigen Gespenster erhält seine Augen, die Nase und den Mund. Die Zunge wird rot aufgemalt.
Achten Sie darauf, daß die Rückseite absolut deckungsgleich bemalt wird, da heller Tonkarton durchscheint (s. Tips und Tricks, Seite 4).
Hui! Hui! Hui!

FREUDIGE LUFTPOST!

Dieser Klapperstorch bringt seine Fracht nicht nur auf Bestellung! Wer weiß, vielleicht will er auch gar nicht zu Ihnen, sondern befindet sich nur auf dem Vorbeiflug!

Zeichnen Sie das Auge und alle gepunkteten Linien auf (s. Vorlagenbogen), und setzen Sie dem Storch seine zweiteilige Kappe auf. In seinem Schnabel hält er das zweiteilige, mit Sternen besetzte Tuch. Die kleinen Füßchen werden hinter, das Köpfchen auf das Tuch geklebt.
Die Annahme zu verweigern ist nicht gestattet!

ICH BIN NUR EIN WENIG NEUGIERIG

Bevor dieses kleine neugierige Mädchen aus Ihrem Fenster schaut, braucht es seine Nase, den Mund und die Innenohrstriche, die aufgezeichnet werden. Die Augen sind weiße Tonkartonkreise, die so bemalt werden, daß ein Lichtfleck sichtbar bleibt. Zeichnen Sie bei allen Fingern die gepunkteten Linien auf.
Das mit dem Augenpaar beklebte Gesicht wird auf dem Haarteil fixiert. Zwei gepunktete Schleifen bändigen das wuschelige Haar. Die Punkte werden mit Hilfe eines Lochers ausgestanzt.
Falls der Zopf und ein Teil der Hand hinter der Fensterleiste hervorschauen sollen, hört das Motiv an der senkrecht gestrichelten Linie auf (s. Vorlagenbogen). Gehen Sie dann so vor, wie auf Seite 4 (Zweigeteilte Fensterbilder) beschrieben.
Guckguck!

HABT IHR EINEN WUNSCH, MEISTER?

Dieser Flaschengeist erfüllt Ihnen (fast) jeden Wunsch, z. B. den, ein schönes Fensterbild zu haben!
Zeichnen Sie die Augen, den Mund, die Innenohrstriche und alle gepunkteten Linien auf (s. Vorlagenbogen). Die Augenbrauen, die Nase, der Schnurrbart, das Haarteil und die Ohrringe werden auf das Kopfteil geklebt. Bevor Sie den Kopf am Körper fixieren, schlüpft der Geist in seine zweiteilige Weste und legt die schwere Kette um.
Nun kann er lautlos aus der Öllampe entweichen.

Wenn der starke Herr hinter einer Fenstersprosse hervorschauen soll, schneiden Sie entlang der senkrechten, gestrichelten Linie, und gehen Sie so vor, wie auf Seite 4 (Zweigeteilte Fensterbilder) beschrieben, damit der Geist auch durch die Sprosse noch die richtigen Proportionen hat.
Vor diesem netten Flaschengeist braucht man sich wirklich nicht zu fürchten!

AUF SCHRITT UND TRITT

So kann der kleine Elefant seine Mami nicht verlieren! Zeichnen Sie alle gepunkteten Linien und das Auge des kleinen Dickhäuters auf (s. Vorlagenbogen). Der Kleine umschlingt mit dem Rüssel den Schwanz der Mutter.
Wenn der kleine Elefant sein Ohr erhalten hat, kann der Ausflug vor Ihrem Fenster beginnen!

GIBT'S FÜR MICH NOCH EIN PAAR BLUMEN?

Dieses Pony kann auf sein Grünfutter - und seien es auch Tulpen - nur schwer verzichten. Zeichnen Sie die Nüstern und alle gepunkteten Linien auf (s. Vorlagenbogen). Das Auge besteht aus weißem Tonkarton, der schwarz bemalt wird. Der Lichtfleck wird mit Hilfe eines Lochers ausgestanzt und dann aufgeklebt. Ergänzen Sie die Mähne, das zweiteilige linke Ohr und die dreiteilige Tulpe. Und passen Sie auf Ihre Pflanzen auf dem Fensterbrett auf!

GIBT ES HIER EIN SCHÄLCHEN MILCH?

Dieses vernaschte Kätzchen benötigt seine Augen und alle gepunkteten Linien, die aufgezeichnet werden (s. Vorlagenbogen). Die Nase, der weiße Augenfleck, der mit Hilfe eines Lochers ausgestanzt wird, und das Fellmuster werden aufgeklebt. Bevor Sie den Kopf am Körper fixieren, binden Sie dem Kätzchen das Halsband mit dem Glöckchen um. Schneiden Sie entlang der senkrecht verlaufenden gestrichelten Linie (s. Vorlagenbogen), und gehen Sie so vor, wie auf Seite 4 (Zweigeteilte Fensterbilder) beschrieben, damit beim Aufkleben der Katze die Proportionen stimmen. Bitte streicheln!

AM ABHEBEN

Dieses Bärchen hebt direkt vor Ihrem Fenster ab und schwebt mit dem Ballon lautlos durch die Wolken nach oben.
Zeichnen Sie alle schwarz markierten Stellen sowie gepunkteten Linien auf (s. Vorlagenbogen). Der Ballon erhält sein buntes Muster und die Säckchen.
Der Teddy benötigt die Innenohrteile und das Schnauzenteil. Gegen die kühle Luft in dieser Höhe schützt ein Schal.
Fixieren Sie den Teddy am Ballon. In der rechten Hand hält er ein gepunktetes Tuch.
Flieg doch mit!

Clown August kündigt die nächste Zirkusvorstellung an: „Manege frei!"
Die Augen bestehen aus weißen Tonkartonkreisen, auf die die Pupillen aufgemalt werden. Zeichnen Sie die Ohrenstriche und alle gepunkteten Linien auf (s. Vorlagenbogen). Die Flickennähte werden erst später ergänzt. Der Clown erhält sein Mundteil, die Nase, das Augenpaar und den zusammengefügten gepunkteten Hut samt der dreiteiligen Blume von vorn; die beiden Haarteile werden von hinten ergänzt. Der mit Punkten versehene Anzug muß noch geflickt werden. Die Fliege, deren kleine Punkte mit Hilfe eines Lochers ausgestanzt werden, schmückt den Clown. Die weiße Hand wird hinterklebt. Plazieren Sie das Kopfteil am Körper, und schon kann die Vorstellung beginnen.

Nanu?! Eines der Mäuschen schaut sich die Welt aus einer völlig neuen Perspektive an.
Zeichnen Sie die Augen, die Nasen und alle gepunkteten Linien auf (s. Vorlagenbogen). Zwei Mäuse erhalten einen Schal, die mittlere Maus trägt ein Band mit Schleife. Jedes Tier braucht sein zweiteiliges Ohr und ein Schwänzchen. Damit das Trio auf bzw. unter der Sprosse Platz nehmen kann, schneiden Sie entlang der waagrecht gestrichelten Linie (s. Vorlagenbogen), und gehen Sie so vor, wie auf Seite 4 (Zweigeteilte Fensterbilder) beschrieben, damit die Größenverhältnisse der Tiere bestehen bleiben.
Hoffentlich ist keine Katze in der Nähe!

LASS MICH IN DEIN ZIMMERLEIN!

Der Froschkönig hat das Leben im Teich satt; er will ins warme Kinderzimmer.
Als erstes zeichnen Sie die gepunktete Linie auf (s. Vorlagenbogen).
Die Augen werden auf weißen Tonkarton gezeichnet und von vorn aufgeklebt. Ergänzen Sie den Mund und die Kugel von vorn, die Krone von hinten.
Vielleicht möchte er auch geküßt werden?

AUF DEM KRIEGS-PFAD?

Hoffentlich kommen diese Rothäute in friedlicher Absicht!
Beide Gesichter und die Linien der Federn werden aufgezeichnet. Die Augen sind weiße bemalte Tonkartonkreise mit einem ausgesparten Lichtfleck und werden auf das Gesicht geklebt.
Beide Indianer erhalten ihr Haar mit dem gemusterten Stirnband. Fixieren Sie die schwarzen Enden auf den Federn, und plazieren Sie den Federschmuck hinter dem Haarteil. In ihrer Mitte befindet sich ein Kaktus.
Solche netten Indianer sind bestimmt nicht kriegerisch gesinnt, sondern einfach nur neugierig!

Woher kommen diese schönen Exoten, die scharenweise am Fenster vorbeiziehen?
Um so herumfliegen zu können, benötigen diese Flugkünstler ihre Augen, die Nasenlöcher und alle gepunkteten Linien (s. Vorlagenbogen).
Fixieren Sie die Schnäbel, die Krallen und die Kopffedern.
Wenn Sie einen Teil eines Vogels durch eine Fensterleiste oder den Fensterrahmen verdecken wollen, schneiden Sie entlang der senkrecht verlaufenden gestrichelten Linie (s. Vorlagenbogen). Auf Seite 4 (Zweigeteilte Fensterbilder) wird das weitere Vorgehen beschrieben, damit bei den geteilten Vögeln die Proportionen stimmen.
Guten Flug!

AUF SPUREN-SUCHE

Mit seiner großen Lupe sucht der findige Detektiv nach Fingerabdrücken und anderen Tathinweisen. Zeichnen Sie das Auge, die Innenohrstriche und alle gepunkteten Linien auf (s. Vorlagenbogen). Der Spurensucher erhält seine grauen Haare und die zweiteilige Kappe. Er trägt einen Mantel mit aufgesetztem Kragen. In der Hand hält er die zweiteilige Lupe. Ein Teil des Mantelärmels ist noch an der Hand zu sehen. Wird der Detektiv den Fall lösen können? Stören Sie bitte nicht seine Ermittlungen!

NICHTS WIE WEG!

In letzter Sekunde hat die Gans den Fuchs bemerkt. Schnell, nichts wie weg! Damit sich auch an Ihrem Fenster solche spannenden Szenen abspielen können, zeichnen Sie die Fuchs-nase und alle gepunkteten

Linien auf (s. Vorlagenbogen). Das Auge wird auf weißen Tonkarton gemalt und aufgeklebt. Dann erhält der schlaue Jäger sein Innenohrteil und die weißen Brust-/Bauchfelle. Zuletzt benötigt die Gans noch ihr Bein, damit sie schnell wegwatscheln kann. Noch mal Glück gehabt!

FARBENFROHE EXOTEN

Schon von weitem sieht man die exotische Farbenpracht dieser bunten Papageien.
Zeichnen Sie die Augen und alle gepunkteten Linien auf (s. Vorlagenbogen). Nun werden die weißen Augenteile, die Schnäbel, die beiden Schwanzfedern und die Bauchteile auf der großen Körperform fixiert.
Beim fliegenden Vogel ergänzen Sie die grünen und gelben Flügelteile und die Krallen. Der sitzende Papagei erhält seinen dreiteiligen Flügel.
Schneiden Sie bei beiden Vögeln entlang der gestrichelten waagrechten bzw. senkrechten Linie (s. Vorlagenbogen), und gehen Sie so vor, wie auf Seite 4 (Zweigeteilte Fensterbilder) beschrieben, damit beim Aufkleben der restlichen Schwanzfedern die Proportionen stimmen.
Um solch exotische Exemplare wird Sie so mancher beneiden!

URIGE VIECHER

Nur im schottischen Loch Ness und an Ihrem Fenster sieht man solche netten Dinos. Zeichnen Sie den lustigen Tieren die Gesichter sowie gepunkteten Linien auf (s. Vorlagenbogen). Die Zungen werden rot angemalt. Eine stachelige Mähne und ein buntes Fleckenmuster sind das Markenzeichen dieser Urtiere.

Die Teile des unteren Dinos können Sie je nach Fensterbreite weiter zusammen- oder auseinandersetzen.

IN LETZTER SEKUNDE ENTDECKT

Der Nikolaus hat es sehr eilig. Schließlich warten noch viele Kinder auf ihn! Zeichnen Sie das Teddygesicht und den Ärmelstrich auf. Der Gürtel, das Mantelfell, der Stiefel und der geflickte Sack werden am roten Mantel befestigt. Kleben Sie einige Sterne und Lebkuchenherzen auf den Sack. Oben schauen ein Teddy, der von hinten am Sack befestigt wird, und ein Tannenzweig heraus. Die Tatzen des Teddys werden von vorn ergänzt. Nun braucht der Nikolaus noch seine rote Mütze mit dem Fellbesatz und dem Pompon.

Aus Stabilitätsgründen wird der Pompon zusätzlich von hinten an dem Teddykopf befestigt.

Einige Pakete hat der Nikolaus dagelassen.

Was mag wohl darin sein?

VIEL GLÜCK!

Wenn Ihnen schon am frühen Morgen solch ein freundliches Schweinchen entgegenlacht, dann kann der Tag nur Glück bringen. Vielleicht läuft an Ihrem Fenster ja auch eine ganze Herde solcher Glücksbringer vorbei?
Zeichnen Sie alle gepunkteten Linien auf (s. Vorlagenbogen).
Das Schnauzenteil und der aufgeklebte Teil des Kopfes sind schwarz umrandet, damit sie sich besser vom Tonkarton darunter absetzen. Schneiden Sie die Augen aus weißem Tonkarton aus, und malen Sie sie so an, daß ein weißer Lichtfleck sichtbar bleibt. Nun braucht das mit den Augen beklebte Kopfteil nur noch auf das Körperteil gesetzt werden, und schon lacht Sie das Glücksschwein an. Von einem anderen Schwein ist nur noch das Hinterteil mit dem typischen Ringelschwänzchen zu sehen.
Viel Glück!